監修 浅利美鈴

ごみゼロ大作戦！

② リデュース

めざせ！
Rの達人
アールの
たつじん

はじめに

　3Rの中のトップバッターは、なんといってもリデュースです。リデュース→リユース→リサイクル。みなさん、この順におぼえてくださいね。

　この順番でおぼえていただきたいのには、理由があります。じつは、リデュースが「ごみゼロ大作戦」の中でも、もっとも重要な取りくみだからです。

　なぜならば、リデュースはそもそも「ごみ」になりそうな「もの」を元からなくそう、という考えかただからです。ごみになりそうなものをなくせば、「もの」をつくるための資源や「もの」を運ぶためのエネルギーなども削減でき、効果がとても大きなものになるからです。

　たとえば、みなさんがすぐに取りくめることに、小学校を卒業するまで同じふで箱を使うこと、があります。ふで箱を買いかえなければ、ふで箱を処分しなければならないのを避けられるだけでなく、新しいふで箱の製造にひつような布や部品、その原料である資源、製造や運搬にひつようなエネルギーの使用を減らすこともできるのです。まさに一石二鳥、いや三鳥にも四鳥にもなりそうな取りくみなのです。

「なんだ、じゃあ、もっとどんどん取りくんだらいいのに！」と思ってくれたあなた。それがかんたんにはいかないのです。
　なぜでしょう？
　リデュースをじゃまするものが、たくさんあるからです。たとえば、あなたの「ふで箱、きずついたから新しいペンケースがいいなあ」「ハンカチはあるけど、出すのがめんどうくさいから、紙ナプキンでふいちゃえ」という心。ついつい、かっこうのよさやべんりさに負けてしまう、その心がリデュースの前に立ちはだかります。
　また、世の中には、すてきでべんりなものがあふれていて、「買って買って」といわんばかりにならんでいます。そのような状況に負けずにリデュースの道をつきすすむのは、なかなかたいへんなことです。
　この巻では、重要なリデュースの技を学んでいただくと同時に、どうすればくらしに根づいていくかを考えてもらいたいと思います。そして、みなさんが、これからの世の中を変えていく達人になってくれることを期待しています。

浅利美鈴

もくじ

はじめに………2

はじめよう！　ごみゼロ大作戦！………5

リデュースって、なあに？………6

達人の極意　　リデュースとは………8
教えて！達人　その①　ものを使いきる………10
教えて！達人　その②　ものを長く使う………12
教えて！達人　その③　使いすてをしない………14
教えて！達人　その④　ものを共有する………16
教えて！達人　その⑤　足るを知る………18

ごみゼロ新聞　第2号………20

リデュースの達人たち………22

1 京都府京都市　〜ごみ半減をめざす〜しまつのこころ条例………24
2 神奈川県横浜市　ヨコハマRひろば………25
3 全国おいしい食べきり運動ネットワーク協議会………26
4 セカンドハーベスト・ジャパン（2HJ）　フードバンク………28
5 食品メーカーの取りくみ………30
6 製造メーカーの取りくみ………32
7 飲食店の取りくみ………34
8 小売店の取りくみ………36
9 廃材を生かしたものづくり………38

海外の取りくみ　ドイツ………40
海外の取りくみ　中国………41

みんなでチャレンジ！　リデュースミッション①　給食食べのこし調査をしよう………42
みんなでチャレンジ！　リデュースミッション②　リデュースアイデア大作戦!!………44

Rの達人検定　リデュース編………46

さくいん………47

はじめよう！ごみゼロ大作戦！

ぼくは「Rの達人」。
「R」とは、ごみをゼロにする技のこと。
長年の修行によって、たくさん身につけた
「Rの技」を、これからきみたちに伝授する。

さあ、めざせ！Rの達人！

いっしょにごみをふやさない社会をつくろう。

「Rの技」

リデュース Reduce
リユース Reuse
リサイクル Recycle
リフューズ Refuse
リペア Repair
レンタル＆シェアリング Rental & Sharing

この本の本文には、環境にやさしい再生紙とベジタブルインキを使用しています。

きみたちは、「リデュース」ということばを、きいたことがあるかな。
じつは、スーパーマーケットの中にもリデュースのヒントがあるのだ。

リデュースって、なあに？

～達人の極意～

リデュースとは

ごみになるものを減らして、使う資源を減らすこと。

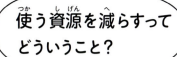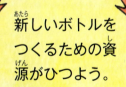

その① ものを使いきる

まずは、身のまわりに、「まだ食べられるのにすてられているもの」や「まだ使えるのにすてられているもの」がないか、チェックしよう。ものを最後まで使いきれば、ごみになるものやごみの量を減らすことができる。

食べのこしをしない
食べきれずにのこした料理はごみになってしまう。ごはんはのこさず食べきろう。

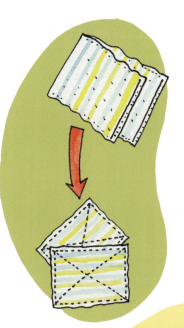

ボロきれはぞうきんにする
古くなったタオルや小さくなって着られなくなった服は、ぞうきんにして使いきろう。

せっけんを使いきる
小さくなったせっけんは次のせっけんにくっつければ、最後まで使いきることができるよ。

文房具を使いきる
短くなったえんぴつは、「えんぴつホルダー」という道具を利用して、最後まで使いきろう。小さくなった消しゴムも使うよ。

野菜の葉や皮はすてない
切りおとした葉や皮だって、料理の材料として生かすことができるよ。

こんだてを考えて計画的に買いものをすれば、食べものもむだにならない。

にんじんの皮をすてたときと、きんぴらをつくって皮も使いきったときでは、ごみの量もちがうよ。

皮をすてたとき

皮を使いきったとき

賞味期限と消費期限

食べものの期限をあらわす表示には、「賞味期限」と「消費期限」があります。賞味期限は「その日までに食べるとおいしい」とされる日、消費期限は「その日をすぎたら食べないほうがよい」とされる日がしめされています。賞味期限が1日すぎたからといって、食べられなくなるのではないことを、おぼえておきましょう。

その❷ ものを長く使う

いまあるものや、持っているものをたいせつにあつかって、長く使いつづけることでごみの量を減らすことができる。これも「リデュース」だね。

着られなくなった服は、知り合いにゆずって「リユース（使用者をかえて、そのままのかたちで、ものをくりかえし使うこと）」しよう。
★くわしくは ❹リユースを読んでね。

照明を蛍光灯からLEDという種類に変えると、蛍光灯よりも長いあいだ使うことができるよ。このような製品を「長寿命製品」というよ。

こわれたものは修理して、できるだけ長く使いつづけよう。自分で直すことができなければ、修理をしてくれるお店に持っていこう。
★くわしくは ❸リフューズ・リペアを読んでね。

日本語には、むだにすることをおしむ「もったいない」ということばがあるね。「すぐごみにしたらもったいない」という気持ちを持って、身のまわりのものをたいせつにしよう。

こまめにそうじをすれば、家具や床のいたみが少なく、部屋を長いあいだきれいに保つことができるよ。
そうじをすると使わなくなったもの（不要品）が出てくることがある。不要品をごみにする前に、知り合いにゆずったり、フリーマーケットやバザーに出品したりできないか、考えてみよう。

★くわしくは ４ リユース を読んでね。

ものが長持ちするように、ていねいにあつかおう。
たとえば、部屋のドアや、電子レンジ、炊飯器のふたを、力まかせにしめていないかな？　食器をあらうときはわらないように注意しよう。

長寿命製品

長持ちするようにつくられたものを「長寿命製品」といいます。
LED のほかに、流行に左右されず長く着られるようにつくられた「100年コート（→33ページ）」や、刃を研ぎながら長く使いつづけることができる「一生もの」の包丁などがあります。

その❸ 使いすてをしない

1回または数回使われたあとにすてられる「使いすて製品」を、くりかえし使用できるものにかえることで、ごみを減らせるよ。

紙カップ → マグカップ

ペットボトル → マイボトル

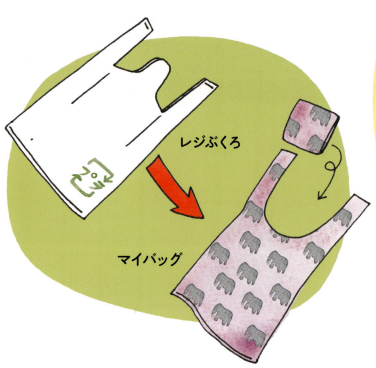

レジぶくろ → マイバッグ

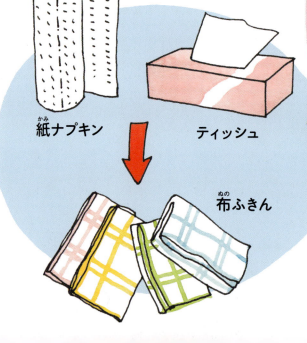

紙ナプキン・ティッシュ → 布ふきん

わりばし → マイはし

ペン本体 → しんだけをつめかえる

ラップ
アルミホイル
→ ふたつきの容器

乾電池 → 充電池

ボトル本体 → 中身だけをつめかえる

使いすてのカイロ → 湯たんぽ

使いすての紙おむつ → あらって何度も使える布おむつ

充電池

1回きりしか使えない乾電池に対して、充電してくりかえし使える電池を充電池といいます。乾電池は使いおわったあとすぐにごみになってしまうけれど、充電池は500回ほどくりかえし使うことができます。

レジぶくろをことわったり、飲みものをマイボトルに入れてもらうことで割引してくれる店もあるよ。

教えて！達人 その④ ものを共有する

ひとつのものをみんなで使うことを「共有」というんだ。
みんなでひとつのものを使えば、ごみも減らせるし、資源やエネルギーを使う量も減らせるね。

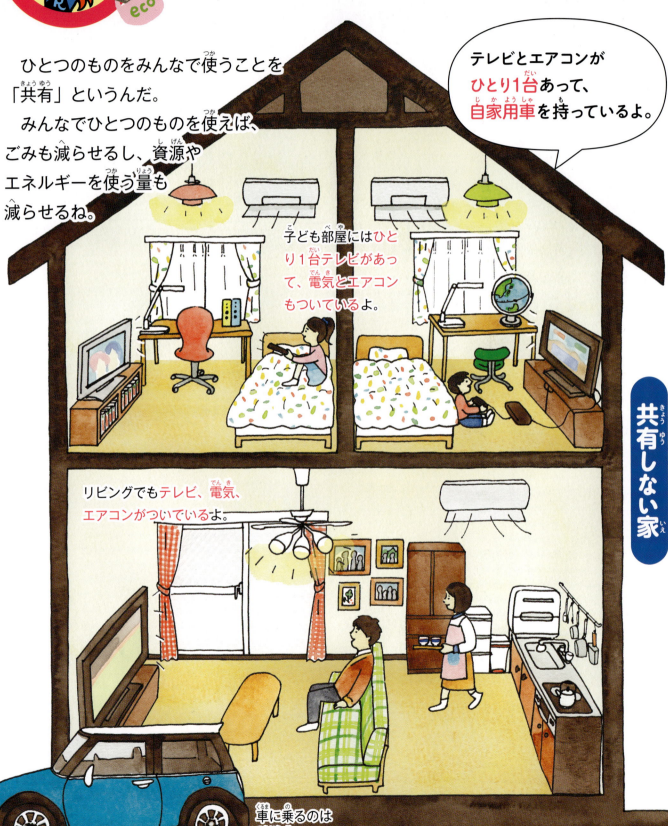

テレビとエアコンが**ひとり1台**あって、**自家用車**を持っているよ。

子ども部屋には**ひとり1台テレビがあって、電気とエアコン**もついているよ。

リビングでも**テレビ、電気、エアコン**がついているよ。

共有しない家

車に乗るのは月一度くらい。

その⑤ 足るを知る

「足るを知る」は、「よくばらずに満足する」という考えかただ。
みんなは、本当は足りているのに新しいものをほしがったり、
もったいない使いかたをしたりしていないかな。
　身のまわりのいろいろな場面をふりかえってみよう。

洋服にあなが空いてしまったけれど、お母さんがかわいいワッペンをつけてリメイクしてくれたよ。

小さくなった消しゴムも最後まで使うよ。

きのうの夕ごはんはのこさず食べたよ。

チェックすることで、自分の生活を見つめ直すきっかけにもなるね。

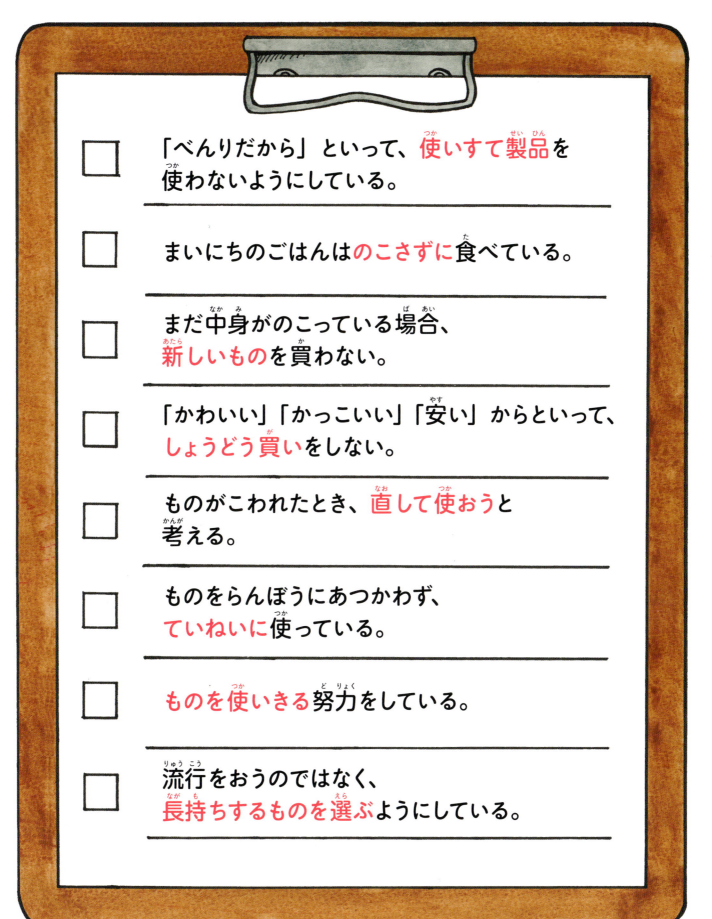

ごみゼロ新聞

「廃材」が「配財」に変身!?

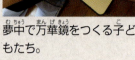
夢中で万華鏡をつくる子どもたち。

でいます。この材料は、すべて、墨田区の町工場から出た、「廃材」、そのままではごみにしかならないものです。プラスチックやゴム風船の切れはし、Tシャツの布のあまり、使わなかったボタン、リングノートにあなをあけたときにのこった紙などを材料に、万華鏡をつくろうと考えたのが、墨田区の「配財プロジェクト」です。「ものづくり体験ワークショップ」やイベントなどを通して、「廃材」を「配財」として活かす活動を広げています。

この写真は、東京都墨田区の保育園の子どもたちが、万華鏡づくりをしているところです。子どもたちの前に、万華鏡に入れる色とりどりの材料がならんでいます。

リデュースはいちばんだいじなR

全国各地で、ごみの分別やリサイクル活動が積極的に進められています。リサイクルも、とてもだいじなRです。でも、リサイクルは、一度ごみに出したものを、原料にもどして、もう一度使うものです。それなら、ごみを出さないほうが、もっとエネルギーを使わず、環境にもよいと思いませんか。

いま、全国の自治体では、地元のお店や市民団体と協力しながら、資源の使用量とごみの発生量の削減を進めています。企業も、リデュースにつながる商品開発を積極的に行っています。

ごみゼロレシピ

だいこんの葉と皮を使っておかずをつくってみよう。

●葉のごま油いため
① 葉っぱをみじん切りにする。
② ごま油でいためて、しょうゆやごま、かつおぶしなどで味つけする。

白いごはんにのせて食べるとおいしいよ!

●皮のかきあげ
① 皮を千切りにする。
② にんじんの皮の千切り、ねぎの青いところ、えびなどとまぜる。
③ 衣をつけてあげる。

毎月10日はマイバッグデー
マイバッグ持参でポイント2倍
スーパーアールストア

Rクッキングスタジオ
だれでも かんたんにつくれる!!
食材使いきり料理レッスン
生ごみゼロ!
20××年〇月〇日(土)
※先着順で受けつけしています

環境にやさしいECOプランはじめました!
2泊めの部屋のそうじ、歯ブラシやくしなどの無料提供を行いません
ホテルZEROシティ

ごみゼロ新聞 第2号

未利用魚をおいしくいただく「もったいない食堂」

佐世保魚市場の3階にある「もったいない食堂」。

日がわり定食。一般には流通しないめずらしい魚が出ることも。

魚市場では、水あげされた魚を種類や大きさごとに分けて、スーパーマーケットや魚屋に出荷しています。このとき、「魚のサイズが規格外である」「漁獲量が少ない」などの理由で売りものにすることができず、あまってしまう魚があります。これが、未利用魚、「もったいない魚」です。またマメアジとよばれる小さなアジは、小さいだけで、とても安く売られたり、養殖魚のえさにされています。

長崎県の佐世保魚市場の「魚市場もったいない食堂」では、こうした魚を、同じようにかたちがふぞろいでスーパーマーケットなどにならばなかった地元の野菜とともに調理し、提供しています。はじめは市場で働く人のための食堂でしたが、いまはだれでも利用できるようになり、新鮮な食材を使った食堂として人気です。市場では、規格外の魚を集めた「もったいないセット」も販売しています。

達人のつぶやき

「MOTTAINAI」ってなんだかわかる？ローマ字で「もったいない」って書いてあるんだ。2004年、ケニアで環境を守る活動をしていたワンガリ・マータイさんが、ノーベル平和賞を受賞した。翌年、日本にやってきたマータイさんは、日本の「もったいない」という考え方が、とてもすばらしいと感じたという。そして、ものをたいせつにし、地球の資源に対する尊敬をあらわすこのことばを、世界に広めようとした。

いま「MOTTAINAI」は、環境を守るための国際語として、世界の人に知られているんだ。

21

Rリデュースの達人たち

リデュースに取りくんでいる地域や企業などの活動のようすを見てみよう。

京都府京都市
〜ごみ半減をめざす〜
しまつのこころ条例
▶ 24 ページ

神奈川県横浜市
ヨコハマ R ひろば
▶ 25 ページ

全国おいしい
食べきり運動
ネットワーク協議会
▶ 26 ページ

セカンドハーベスト・ジャパン (2HJ)
フードバンク
▶ 28 ページ

食品メーカーの取りくみ
▶ 30 ページ

製造メーカーの
取りくみ
▶ **32** ページ

飲食店の取りくみ
▶ **34** ページ

小売店の
取りくみ
▶ **36** ページ

廃材を生かした
ものづくり
▶ **38** ページ

海外の取りくみ
ドイツ
▶ **40** ページ

海外の取りくみ
中国
▶ **41** ページ

リデュースの達人 ①

京都府京都市
〜ごみ半減をめざす〜
しまつのこころ条例

京都市ではピーク時からのごみ半減をめざし、2015年10月に条例をスタートしました。2R（リデュース・リユース）と分別、リサイクルの取りくみで「ごみダイエット」にチャレンジしています。

京都市は、6つの分野にあてはまる会社や団体に、ごみ減量のためのアクションをよびかけているよ。

京都市ごみ減量キャラクター
こごみちゃん

① メーカー
- 消費者に、環境にやさしい商品を選ぶことをよびかける。
- 商品の包装に使う資源を減らすために、容器包装の少ない商品を開発・製造する。

② 飲食店や食品を売る店
- 小盛りのメニューを取りいれるなどして、食べのこしゼロをよびかける。
- 食べきれなかった料理を持ちかえることのできるサービスを取りいれる。
- 賞味期限・消費期限の近い食品は値引きをするなどして、売りきる。
- 使いすてのわりばしやスプーン、おてふきなどは、希望者のみに提供して、使用量をおさえる。

③ スーパーやコンビニ
- レジぶくろがひつようかどうかを確認する。
- はかり売りなど、ごみの出ない方法で商品を販売する。

④ イベント
- イベントの敷地内に分別ごみ箱を設置して、資源ごみの分別をよびかける。
- 使いすての食器のかわりに、リユース食器を使用する。

⑤ ホテルや旅館
- 歯ブラシやくしなど、使いすてのものの提供をひかえる。
- 宿泊者がごみを分別できるように、ごみ箱の設置をくふうする。

⑥ 大学や住宅
- 学生や住民に分別ルールを知らせる。
- 資源ごみの回収ボックスを設置する。

ごみの分別方法やごみの収集日などを検索することができる「こごみアプリ」の配信も行っている。

★リユース食器については ④ リユース、ごみの分別については ⑥ リサイクルでくわしく説明しているよ。

神奈川県横浜市
ヨコハマRひろば

❶横浜市❷事業者❸市民の3者が協力してリデュースのアイデアを出しあい、実現する場です。ウェブサイトを通じて、横浜市内で行われているリデュースの取りくみを知ることもできます。

だれでも参加できるしくみ

ヨコハマRひろばでは、市民からリデュースの取りくみについてのアイデアを募集し、委員会で話しあったり事業者に協力をよびかけたりして、アイデアを実現していく。

アイデアがうかんだら……

- ヨコハマRひろばのウェブサイトへ応募する。
- ヨコハマR委員会のメンバーが、アイデアの実現にむけて話しあう。
- 横浜市や販売店などが協力して、アイデアを実現する。
- 実現した結果を、ウェブサイトやイベントを通じて市民に知らせる。

マイボトルスポット

「マイボトルスポット」は、ヨコハマRひろばが支援した取りくみ例のひとつ。マイボトルスポットでは、いれたてのコーヒーやお茶などをマイボトルに入れて提供してくれる。ヨコハマRひろばのウェブサイトでは、マイボトルスポットを探せるマップを公開している。

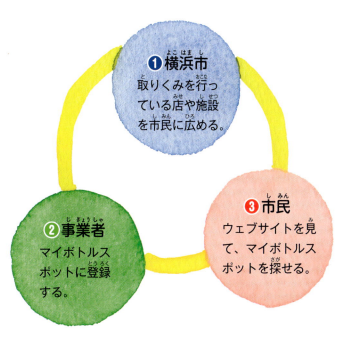

❶横浜市 取りくみを行っている店や施設を市民に広める。

❷事業者 マイボトルスポットに登録する。

❸市民 ウェブサイトを見て、マイボトルスポットを探せる。

リデュースの達人 ❸

全国おいしい食べきり運動ネットワーク協議会

「おいしい食べものをてきせつな量でのこさず食べきる運動」という考えかたに賛成する自治体（都道府県や市区町村）が、みんなで協力して食べのこしをなくす取りくみを実行しています。

🗑 協議会の活動

協議会の会員は、全国の自治体。協議会では、環境省や消費者庁、農林水産省などの国の機関とも協力しあって、外食がふえる年末年始の時期に「おいしい食べきり」全国共同キャンペーンを行ったり、「食べきり、食材使いきりレシピ」を紹介したりしている。

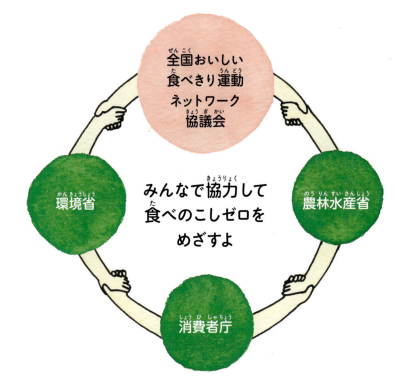

みんなで協力して食べのこしゼロをめざすよ

教えて！ 全国おいしい食べきり運動ネットワーク協議会のこと

Q どうしてこのような団体をつくろうと思ったのですか？

A きっかけは、平成18年度に福井県が全国ではじめて行った「おいしいふくい食べきり運動」です。食べのこしをなくして生ごみを日本全体で減らすために、この運動を全国に広げたいと思い、福井県がよびかけました。食べきり運動を行っている多くの自治体と全国的なネットワークをつくって情報を共有し、全国のみなさんに運動への参加を働きかけています。

Q 「おいしい食べきり」全国共同キャンペーンを行って、どのような効果がありましたか？

A これまではそれぞれの自治体で、飲食店や会社に「おいしい食べきり」を働きかけてきました。協議会ができ、忘年会や新年会がふえる12月から1月に、外食時のおいしい食べきりを全国でキャンペーンし、「注文しすぎないこと」や「しっかり食べる時間をつくること」をよびかけました。北海道から九州までの各地でキャンペーンを行い、より多くのみなさんに「おいしい食べきり」のたいせつさを知ってもらうことができました。

全国各地の食べきりポスター

食べのこしを減らすため、県や市町村がそれぞれポスターをつくって、食べきりをよびかけた。

福井県
食べきり運動発祥の地である福井県では、家庭や外食での食べきりをよびかけている。
家庭では、「食べきり実践チェック表」で食材の使いきり、外食時には小盛りメニューの注文、大人数で食事をするとき（宴会など）にはてきせつな量を注文して食べきりの時間をもうける取りくみを行っている。

青森県
青森県では、3つの「きる」で生ごみを減らすことをよびかけている。
ウェブサイトでは、「エコレシピ集」も公開している。

自分の住んでいる県のポスターを調べてみよう。

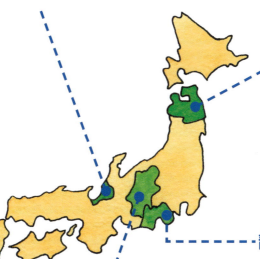

静岡県
「しずおか食べきりスタイル」で外食のときの食べきりをよびかけるほか、「ごちそうさま！フォトコンテスト（完食したようすを写真にとり、ウェブサイトで公開する）」や「食べきり割（のこさず食べたら割引する）」の取りくみも行っている。

熊本県
みんなで気持ちよく「ごちそうさま」をするために食べのこしをしない「530運動」に取りくんでいる。
「肥後のいっちょのこし（みんなでごはんを食べたときに、皿にひとつだけ料理がのこること）」をしないで食べきることなどをよびかけている。

長野県 松本市
「カンパイ」や「いただきます」をしたあとの30分間と、「ごちそうさま」の前の10分間は自分の席について料理を楽しむ「30・10運動」を実践している。
また、毎月30日は「冷ぞう庫クリーンアップデー（賞味期限や消費期限が近い食材を使って料理をして冷ぞう庫を空にする）」、10日は「もったいないクッキングデー（野菜の切れはしなどを使って料理をする）」とすることをよびかけている。

リデュースの達人 ④

セカンドハーベスト・ジャパン（2HJ）
フードバンク

まだ食べられるのに、さまざまな理由ですてられてしまう食料を、食べものをひつようとしている施設や人にとどける取りくみを「フードバンク」といいます。

🗑 食べものがすてられる理由

食べものは、賞味期限内であれば安全に食べることができるが、工場や店では、さまざまな理由で、まだ食べられるものがすてられている。

- まだ賞味期限以内だけど、店のルールで店頭におけない食品
- 賞味期限の日づけの印字をまちがえてしまった食品
- 試食イベントなどであまったサンプル
- 容器がへこんだりきずがついたりした食品
- 仕入れすぎてあまってしまった食品

教えて！ フードバンクのこと

Q フードバンクには、どれくらいの量の食べものが寄付されますか？

A 2015年のデータによると、年間約2000トンの食べものがセカンドハーベスト・ジャパンに寄付されました。食べものの内容は、主食や副菜、野菜や果物、調味料、お菓子や飲料などがあります。企業から寄付される食品以外にも、個人のかたからも多くの食品をいただきます。

Q フードバンクの援助をひつようとしている人たちは、全国にどれくらいますか？

A 日本の全人口のうち、約2000万人の人びとが平均年収の半分を下まわる生活をしていて、きびしい生活環境におかれているといえます。一人でも多くの人びとに、正しく安全な方法で食べものをとどけることが、わたしたちの活動の目標です。

🗑️ フードバンクのしくみ

日本では1年間に500～800万トンの食品がすてられている。これは米の年間生産量と同じくらいの量。
セカンドハーベスト・ジャパンでは、工場や会社、小売店などからあまった食べものの寄付を受けつけ、食べるものがなくてこまり、ひつようとしている人びとの元へとどけている。

食品をつくる工場　**食品を輸入する会社**　**スーパーマーケットなどの小売店**

寄付　寄付　寄付

セカンドハーベスト・ジャパン

寄付された食べものは、セカンドハーベスト・ジャパンで安全に保管されて、全国各地へとどけられる。

配達

手わたし

炊きだし

児童養護施設や福祉施設、支援施設などでくらす人たちに食べものがとどけられる。

セカンドハーベスト・ジャパンの倉庫などで、難民や失業者たちに食べものを手わたす。

路上生活者、生活にこまっている人、ひとり親の家庭などに、炊きだしやべんとうを提供する。

29

リデュースの達人 ⑤
食品メーカーの取りくみ

食品を買いすぎて食べきれないまま賞味期限がすぎてしまったり、仕入れすぎによる売れのこりですてられたりする食品を減らすため、食品メーカーでは、販売方法や製造方法をくふうしています。

🗑 はかり売りを実践する

「宝酒造」では、1998年から新たな容器を使用せず中身だけを売る「酒のはかり売り」をはじめている。2016年4月現在、全国161の店舗で、はかり売りが行われている。

はかり売りのしくみ

① 家にある空容器（ペットボトルなど）を店に持っていく

② 店ではお客さんが持ってきた容器をあらう

④ 家で飲んだり料理に使ったりする

③ 空容器の中に、ひつような分だけつめる

はかり売りの効果
はかり売りで1年間に節約できる容器は、ペットボトル39万本分（2.7リットル容器の場合）になります。

🗑 賞味期限をのばす

店に売っている食品には、かならず賞味期限や消費期限（→11ページ）が表示されている。食品メーカーでは、製造技術や食品を入れる容器を新しく開発することで、賞味期限をのばすくふうをしている。

マヨネーズは材料にふくまれる酸素のはたらきで風味が悪くなる。「キユーピー」では、原料の植物油にふくまれる酸素をできるだけ取りのぞくなどの製造技術の改良を重ね、賞味期限を10か月から12か月にのばした。

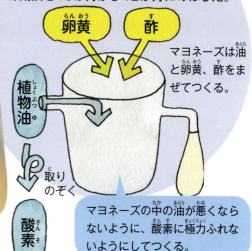

マヨネーズは油と卵黄、酢をまぜてつくる。

マヨネーズの中の油が悪くならないように、酸素に極力ふれないようにしてつくる。

なっとう

「ミツカン」では、なっとうのつくりかたと容器のかたちをくふうすることで、風味が落ちる原因となる「チロシン」の発生と異物の混入をふせぎ、おいしく食べられる期間を15日間にのばした。

ふたと容器のあいだにすきまがある。

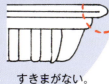
すきまがない。

しょうゆ

しょうゆは、ふたを開けて空気にふれると酸化して風味が落ちる性質がある。「ヤマサしょうゆ」では、注ぎ口を改良した、中に空気を入れない容器を採用し、商品化した。

ボトル入りしょうゆ
どんどん風味がおちる。

パック入りしょうゆ
180日間鮮度を保つ。

教えて！ キユーピーの取りくみのこと

Q 開発にかかわっているのは、どのような人たちですか？

A 賞味期限をのばすためには、さまざまな検査がひつようです。技術を開発する人だけでなく、工場で試作品をつくる人、しっかり商品のおいしさが保たれていることを確認する人など、実現までにはたくさんの人がかかわっています。

Q 賞味期限がのびたことで、どのような効果がありましたか。

A お客さんや商品を売るお店の人からは、より安心して使える商品になったねと言っていただきました。また、賞味期限をのばす取りくみで得た技術が、よりおいしいマヨネーズをつくることにつながると考えています。

製造メーカーの取りくみ

リデュースの達人 ⑥

シャンプーや洗ざいをつくる会社では、ごみを出さない製品を開発しています。世代をこえて使いつづけることができる商品をつくり、販売しているメーカーもあります。

🗑 つめかえ製品を開発する

商品を入れたり包んだりする「容器包装」は、家庭から出るごみの半分近くをしめる。
洗ざいやシャンプーなどをつくっている化学メーカーの「花王」では、「つめかえ製品」「つけかえ製品」を開発し、容器包装のごみを減らす努力をしている。

中身を注いでつめかえるタイプ。注ぎ口は、つめかえるときに液体がこぼれないように設計されている。つめかえたあとは小さく折りたたむことができる。

「いっしょにeco」マークでエコにくらす

花王では、容器包装だけでなく水資源を節約する製品の開発も行っている。
「いっしょにeco」マークがついているこの洗ざいは、少ない水でよごれがよく落ち、水の使用量を約20パーセント節約することができる。

ふくろごと箱につめかえるタイプ。洗ざいが飛びちらないように、ふくろごと箱に入れてから開封できるようになっている。

超長期住宅をつくる

住宅は、数十年経つと新しく建てかえるのが一般的と考えられている。住宅総合メーカーの「大和ハウス工業」では、世代をこえて住みつぐことができる「超長期住宅」をつくり、「よいものをきちんと手入れして長く大切に使う」ためのサポートを行っている。

地震に強く、さまざまな気候条件、騒音にも対応できるように設計された超長期住宅（ジーヴォ xevo シグマΣ）

親子3人でくらす

家を新しく建てかえたり、引っこしをしたりしないで、同じ家に長く住みつづける。

住みつぎ

結婚した子どもと孫と、3世代で同居する

家を長持ちさせるための条件

・骨組みがしっかりしている。
・自然災害に強い。
・定期的に点検を行う。
・子どもの世代が親になって3世代で同居することになったとき、リフォームしやすい構造である。　など

100年コートを発売する

洋服を製造、販売する「三陽商会」では、流行にとらわれずに世代をこえて愛され、長く着てもらうことをコンセプトにした「100年コート」を発売している。100年コートを買ったお客さんには、有料でお直しなどのサービスを行っている。

生地がいたんですりきれたそで口も、直してもらえる。

お直し工房のようす。洋服は使いすてではなく、ひつようにおうじて直すことで、長く着つづけることができる。

リデュースの達人 ❼

飲食店の取りくみ

料理や飲みものを提供する飲食店では、食べたり飲んだりしたあとにごみが出ないくふうをしたり、料理を提供する方法を変えたりして、ごみを減らす努力をしています。

🗑 コーヒーショップ

コーヒーショップでは、紙カップのほかにマグカップやタンブラーでの提供を行い、ごみの出ない方法で飲みものを注文することができるようになっている。

マグカップ

「スターバックス」では、紙カップのかわりにマグカップを選択するか、タンブラーを持参すると飲みものを20円割引してもらえる。

タンブラー

🗑 給茶スポット

給茶スポットはカフェや日本茶専門店など、全国に約150店あり、店頭にステッカーがはってある。空になったマイボトルを持っていくと、ボトルに給茶してもらえる。マイボトルはあらってくりかえし使うことができるので、紙カップや缶など、ごみになるものを使わなくてすむ。

「給茶スポット」のステッカー。

静岡県の日本茶専門店「小山園」では、1杯100円で、持参したマイボトルにお茶を入れてくれる。

マイボトルを持っていると、いつでもおいしい温度でお気に入りの飲みものを楽しむことができるというよさもある。

🗑 レストラン

レストランでは、食べのこしをなくすために、料理のつくりかたや提供のしかたなどをくふうしている。

つくりおきをしない

ファストフード店では、料理をつくりおきして注文と同時に提供する方法から、注文を受けてから調理して提供する「オーダーメード方式」に変更して、ひつような分だけつくることにした。

おかわりを無料にする

和食店では、ごはんの量を減らすかわりに、おかわりの無料化を行っているところがある。食べきれる量を提供できるので、食べのこしを減らすことができる。

注文ミスを減らす

店員の教育をしっかりと行い、注文をまちがえてむだになる料理が出ないように努力している。

🗑 ホテル・ペンション

ホテルやペンションでは、食べきれなかった料理を持ちかえったり取りわけたりすることのできるサービスを実施し、ごみにしないくふうをしている。

ドギーバッグ

東京都の「立川グランドホテル」では、立食パーティーでのこった料理をドギーバッグに入れて持ちかえることができる取りくみを行っている。

あずけ鉢

長野県のペンション「シャロムヒュッテ」では、宿泊客に食事を提供するとき、料理といっしょに「あずけ鉢」という皿をくばっている。食べられないものや量が多すぎるものは、食べる前に「あずけ鉢」に取りわけ、足りない人におすそわけする。

あずけ鉢

リデュースの達人 ⑧ 小売店の取りくみ

百貨店やコンビニエンスストア、スーパーでは、容器包装やレジぶくろの利用を減らすくふうや、売れのこりの食品を出さないくふうをするなど、ごみを減らすための取りくみを行っています。

🗑 百貨店

これまで百貨店の容器包装にはたくさんの資源が使われていた。「東急百貨店」では、オリジナルのエコバッグを販売したり、包装をくふうしたりして、容器包装に使われる資源を減らす取りくみが行われている。

エコスタンプサービス

紙ぶくろやレジぶくろの利用を減らすための取りくみ。ふくろをことわるとスタンプをおしてくれる。たまると、ポイントまたは金券と引きかえる。

オリジナルエコバッグの販売

持ちはこびがしやすいように、小さく折りたためるエコバッグを販売している。売り上げの一部は森林資源を守る取りくみに役立てられている。

エコスタンプサービスの効果

この取りくみによって、2015年度は100万枚以上の紙ぶくろ、レジぶくろの削減に成功しました。

スマートラッピング

「プレゼント用の品物はきちんとラッピングしてもらう」「自宅用の品物はシールをはるだけにする」「まとめてひとつのふくろに入れる」など、目的に合わせて適正な包装を選んでもらえるよう、お客さんによびかける取りくみ。

包装紙のがらを印刷した箱。箱に印刷することで、包装紙が不要となった。

🗑 コンビニエンスストア

コンビニエンスストアやスーパーマーケットなどで売られているべんとうやそうざいは、一定の時間が経つと新しくつくられた新鮮な商品と入れかえられる。
売れのこった食品は飼料（家畜のえさ）や肥料にリサイクル（→6巻）する取りくみも行われているが、最近では「売れのこり」そのものを出さないためのしくみが考えられている。

売れのこりを出さないためのしくみ

事前に商品の売れゆきを予想して仕入れることで、もののつくりすぎをふせぐことができ、むだが減る。

＜本社では＞
店から送られてきたデータを元に、いつどんな商品が売れたのか、統計をとる。統計を元に、何をどれくらいつくるかを決める。

＜店では＞
お客さんが買った商品をレジの機械が記録して本社にデータを送る。

＜工場では＞
統計の結果にしたがって、ひつような分の商品をつくり、店に出荷する。

売れのこったべんとうやそうざいは……

どうしても売れのこってしまった商品が発生した場合には飼料や肥料にリサイクルして、それを使って育てた家畜や野菜をべんとうやそうざいの食材に使います。

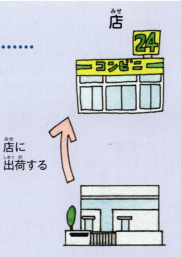

店 → 売れのこりを飼料にリサイクルする → リサイクル工場 → 家畜のえさにする → 養鶏場 → べんとうなどの食材にする → べんとう工場 → 店に出荷する → 店

リデュースの達人 ⑨ 廃材を生かしたものづくり

工場で、ものづくりをしたときにあまった材料を、すてずにほかのものの材料として使えばごみを減らすことができます。ここでは、ふたつの取りくみを紹介します。

🗑 廃棄野菜を使ってつくるクレヨン

青森県にある「mizuiro」では、食品工場で出た野菜の切れはしや、食べられるのにきずがついたり大きさがほかの野菜とそろわなかったりしてすてられる野菜を材料に、「おやさいクレヨン」をつくっている。野菜からつくったクレヨンなので、10色のクレヨンの色は「緑色」や「黄色」ではなく、「きゃべつ」色、「とうもろこし」色など、野菜の名前がつけられている

材料になるのは……
- 野菜の切れはし
- 規格外の野菜

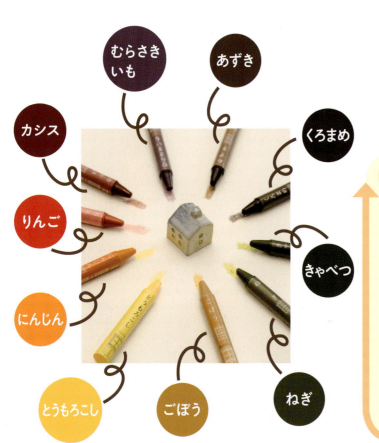

むらさきいも／あずき／くろまめ／きゃべつ／ねぎ／ごぼう／とうもろこし／にんじん／りんご／カシス

教えて！ おやさいクレヨンのこと

Q どうして野菜からクレヨンをつくろうと思ったんですか？

A 文房具や画材をつくろうと思ったとき、青森の産業のひとつである野菜に着目したことがきっかけです。すてられる野菜を生かせるだけでなく、色とりどりの野菜を色として表現できたら青森県のPRにもつながると考え、「おやさいクレヨン」をつくりました。

廃タイヤのチューブを使ったカバンづくり

「モンドデザイン」では、使用ずみタイヤチューブを使ってカバンをつくっている。車をささえるタイヤはじょうぶにできているため、タイヤチューブを使ってつくったカバンもしょうげきや雨に強い。

何トンもの重さのある車をささえ、坂や雪道などいろいろなところを走るタイヤは、きびしい環境にもたえることができる素材。

①使用ずみのタイヤの中から、カバンづくりに適しているものを選ぶ

タイヤの厚みは2〜3ミリメートルで、カバンが重くならず強度を保てる厚さが理想。

タイヤのチューブは水をはじく性質があるため、雨にも強い。

②職人がひとつひとつ手作業でチューブをぬいあわせ、カバンに仕上げていく

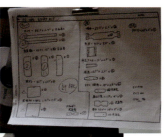

\\ カバンの完成 //

リュックサック。

タイヤにもともとついているもようが生かされている。

トートバッグ。

ドイツ

リデュースの達人

海外の取りくみ

ドイツには、商品の包装をいっさいしないことで、ごみを出さないスーパーマーケットがあります。お客さんは、自分で持ってきた容器にほしい分だけ入れ、その重さの分のお金をはらいます。

「包装しない」スーパーマーケット

ドイツのキールにある「ウンフェアパックト」、ベルリンにある「オリギナル ウンフェアパックト」は、「包装しない」という名前のスーパーマーケット。ドイツ国内で、毎年1600万トンといわれる包装のごみをなくすため、商品をふくろやパッケージなどに入れずに店にならべ、ばら売り、はかり売りで販売している。

穀物やドライフルーツ、シリアル、お菓子などがならぶ店内。容器から自分でひつような分だけとって、重さをはかる。

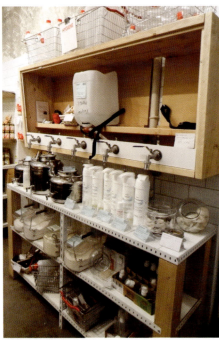

飲みものなどの液体も、サーバーから自分のボトルへうつして購入する。自分のほしい量だけ買うことができるので、食品ごみを減らすことにもつながる。

賛成の声を集めて開店

「オリギナル ウンフェアパックト」は、クラウドファンディングという方法で開店しました。ふたりの女性がインターネット上で「包装しないスーパー」をつくりたいとよびかけ、賛成する人たちから、お金を集めて店をつくったのです。このことからも、ごみをゼロにしたいと考える人が、世界にたくさんいることがわかります。

リデュースの達人

海外の取りくみ

中国

中国では、お茶は、ペットボトルにたよらずコップなどにお茶の葉を入れ、直接湯を注いで飲むことが多く、その飲みかたから、使いすて容器はあまり使いません。お茶専用のマイボトルもあります。

🗑 お茶をくりかえし飲む文化

コップやふたつきの茶わんに、お茶の葉を入れ、湯を注いでそのまま飲むのが、中国の人たちの一般的な飲みかた。お茶は飲みきらず、少し容器にのこして、そこにまた湯を注いで、何度も飲む。お茶専用のびん（マイボトル）にお茶の葉と湯を入れて持ち歩き、湯を足しながら、飲みつづける人も多い。

中国茶はお茶を飲むたびに茶葉を入れかえない。生ごみが減るだけでなく、同じ葉で味の変化を楽しむことができる。

べんりな中国のお茶ボトル

ふたの部分が茶こしになっているボトルです。お茶を飲むたびに茶葉を変えるひつようがなく、湯をつぎたすだけで何杯も楽しむことができます。

① ボトルの上の部分をはずす。

② ふたをはずして、茶葉を入れる。

③ 湯を入れてさかさまにする。

④ 上の部分をはずして飲む。

みんなでチャレンジ！

リデュースミッション①

給食食べのこし調査をしよう

給食で食べのこした量をまいにち記録し、いったいどのくらい食べのこしているのか、どんなメニューのときに食べのこしが多いのか、調べてみよう。

1 期間を決める

2週間から1か月くらいの期間がよい。

2 記録用紙をつくる

カレンダーのうら紙などの大きな紙を使って、食べのこしの量を記録するための表をつくる。

食べのこしの量は、数字だけではわかりづらいから、折れ線グラフでも見られるような表をつくるのがおすすめ。教室の目立つところにはろう！

3 調査開始

期間中は、のこした給食を班ごとにまとめて計量し、合計の重さをまいにち記録用紙に書きこむ。

計量のしかた

主食、主菜、副菜と汁ものは、それぞれ別べつにはかって記録する。

- **主食** ごはん、パン、めん
- **主菜** 肉や魚を使ったおかず
- **副菜** 野菜を使ったおかず、くだものなど
- **汁もの** みそ汁やスープ、牛乳

4 調査報告会をする

調査結果を見て「どんなメニューのときに食べのこしが少なかったか」「これからも食べのこしを出さないようにするためには、どうしたらいいか」を班ごとに話しあいクラスで報告する。

> 期間中に、クラス全体で食べのこしがどれくらい減ったかも、見てみよう。

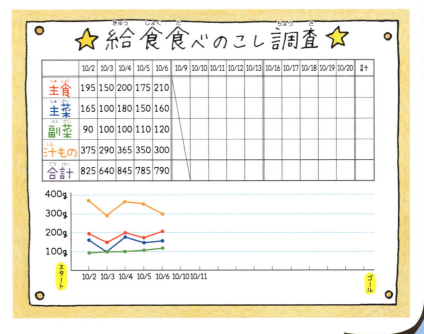

★給食食べのこし調査★

	10/2	10/3	10/4	10/5	10/6	10/9	10/10	10/11	10/12	10/13	10/16	10/17	10/18	10/19	10/20	計
主食	195	150	200	175	210											
主菜	165	100	180	150	160											
副菜	90	100	100	110	120											
汁もの	375	290	365	350	300											
合計	825	640	845	785	790											

みんなでチャレンジ！

リデュースミッション②

リデュースアイデア大作戦!!

みんなの家庭で取りくんだ「リデュース」について発表し、やってみたいアイデアを選んで実践してみよう。

1 家庭でできるリデュース案を考える

1〜2週間後にアイデア発表の日を設定し、それぞれが家庭で実行できるリデュースのアイデアを考える。

2 アイデアを実行する

発表の日までに、各自、考えたアイデアを家庭で実行してみる。

たとえば…

トイレットペーパーの使用量を減らす。

10回 → 5回
2枚重ね → 1枚

スーパーマーケットのトレーに入った肉のかわりに、肉屋ではかり売りしている肉を買う。

ぶた肉 200g → 200グラム

小分けパックより大容量パックを選ぶ。

3パック → 1000ml

思いついたアイデアは、何でもためしてみよう。一度きりではなく、まいにちできるアイデアだといいね。

3 ためしたアイデアを書く

実行したリデュースのアイデアを、ちらしやプリントのうら紙などにまとめる。ためしたアイデアは全部書こう。

わたしは絵が苦手だから写真をとっておいたんだ♪

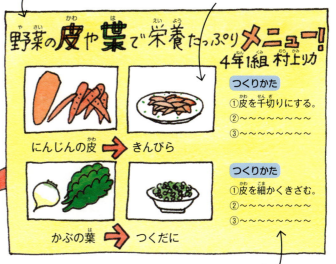

タイトルは大きく、内容をわかりやすく。

実際にやってみたことを写真や絵で見せる。

具体的なやりかたを書く。
やってみて、どのくらいごみが減ったかなど、成果や感想を書いてもよい。

4 教室にはりだす

はりだされたアイデアを見て、興味のあるものがあったら、やりかたを聞いたり、やってみた感想をしつもんしたりしてみる。

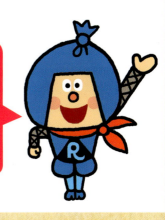

みんなのアイデアはしばらくはりだしておいて、いろいろなアイデアをためしてみてね！

リデュース編

さて、リデュースのことがわかったかな？
検定問題にちょうせんだ！

問題1　リデュースの行動ではないのはどれ？

1. レジぶくろのかわりにマイバッグを使う
2. ものを長くたいせつに使う
3. 安売りしているものがあったら、よぶんに買っておく
4. ごはんをのこさない

問題2　「使いすて」でないものはどれ？

1. 布ふきん
2. ティッシュペーパー
3. 乾電池
4. ペットボトル

問題3　期限表示の説明について、まちがっているのはどれ？

1. 肉についているのは消費期限である
2. かんづめについているのは賞味期限である
3. 賞味期限をのばす努力が行われている
4. 賞味期限が1日すぎたら食べないほうがよい

問題4　京都市が、ごみを大幅に減らすために制定した条例の名前はどれ？

1. もったいない
2. けちのこころ
3. しまつのこころ
4. けんやくのこころ

問題5　リデュースの取りくみとして、まちがっているのはどれ？

1. マイボトルを持参すると割引するコーヒーショップがある
2. コンビニやスーパー、百貨店はすべてレジぶくろを有料にしている
3. 廃棄野菜でつくったクレヨンがある
4. すてられる食品を、ひつようとする人にとどける団体がある

さくいん

この本に出てくる、おもな用語をまとめました。見開きの左右両方に出てくる用語は、左のページ数のみ記載しています。

あ
- 「いっしょにeco」マーク ……………… 32
- エコバック ……………………………… 36
- LED ……………………………………… 12
- オーダーメード方式 …………………… 35

か
- カーシェアリング ……………………… 17
- 給茶スポット …………………………… 34
- 共有 ……………………………………… 16

さ
- 資源 …………………………………… 8、24
- しまつのこころ条例 …………………… 24
- 充電池 …………………………………… 15
- 修理 ……………………………………… 12
- 消費期限 …………………………… 11、24、31
- 賞味期限 ………………………… 11、24、28、31
- スマートラッピング …………………… 36

た
- 食べきり ………………………………… 26
- 足るを知る ……………………………… 18
- 長寿命製品 ……………………………… 12
- 使いすて …………………………… 14、19、24
- つめかえ …………………………… 6、9、14、32
- ドギーバッグ …………………………… 35

は
- 廃材 …………………………………… 20、38
- 配財 ……………………………………… 20
- はかり売り ……………………… 24、30、40
- ばら売り ………………………………… 40
- フードバンク …………………………… 28
- 分別 ……………………………………… 24

ま
- マイはし ………………………………… 14
- マイバッグ …………………………… 7、14
- マイボトル ………………… 14、25、34、41
- マイボトルスポット …………………… 25
- 未利用魚 ………………………………… 21
- もったいない ……………………… 13、18、21

- もったいない食堂 ……………………… 21

や
- 容器包装 …………………………… 24、32

ら
- リユース ………………………………… 12
- レンタカー ……………………………… 17

Rの達人検定　46ページの答えと解説

問題1　答え：3
1、2、4は、リデュースの代表例です。よぶんに買った分もすべて活用できればよいのですが、ひつよう以上に買うことは食べきれなかったり使いきれなかったりしてむだになる可能性もあるため、この中ではリデュースからは一番遠い行動と考えられます。

問題2　答え：1
1以外はすべて使いすてです。それぞれ、どんなものに変えればリデュースになるのか、14～15ページを見かえして復習しましょう。

問題3　答え：4
少しむずかしい問題です。消費期限は肉や魚、べんとう、ケーキなど、いたみやすい食品に表示されています。賞味期限は、かんづめやスナック菓子、カップめん、ペットボトル飲料など、消費期限にくらべていたみにくい食品に表示されています。賞味期限をすぎても、色やにおい、味などをチェックして異常がなければ、まだ食べることができます。

問題4　答え：3
「しまつ（始末）」とは、ものが生まれたところ（始まり）から、最後（末）までたいせつにあつかうことをあらわしています。

問題5　答え：2
レジぶくろ削減のために有料化している店もありますが、日本では有料化が義務づけられているわけではありません。世界には有料化やレジぶくろの廃止を義務づけている国もあります。

ごみゼロ大作戦！ めざせ！Rの達人

２ リデュース

監修● 浅利美鈴 あさりみすず

京都大学大学院工学研究科卒。博士（工学）。京都大学大学院地球環境学堂准教授。「ごみ」のことなら、おまかせ！日々、世界のごみを追いかけ、ごみから見た社会や暮らしのあり方を提案する。また、3Rの知識を身につけ、行動してもらうことを狙いに「3R・低炭素社会検定」を実施。その事務局長を務める。「環境教育」や「大学の環境管理」も研究テーマで、全員参加型のエコキャンパス化を目指して「エコ～るど京大」なども展開。市民への啓発・教育活動にも力を注ぎ、百貨店を会場とした「びっくり！エコ100選」を8年実施。その後、「びっくりエコ発電所」を運営している。

発行	2017年4月　第1刷 ⓒ
	2024年4月　第3刷
監修	浅利美鈴
発行者	加藤裕樹
発行所	株式会社ポプラ社
	〒141-8210　東京都品川区西五反田3-5-8
	JR目黒MARCビル12階
ホームページ	www.poplar.co.jp
印刷	瞬報社写真印刷株式会社
製本	株式会社ブックアート

ISBN978-4-591-15351-2
N.D.C. 518 / 47p / 29×22cm Printed in Japan

落丁・乱丁本はお取り替えいたします。
ホームページ（www.poplar.co.jp）のお問い合わせ一覧よりご連絡ください。
読者の皆様からのお便りをお待ちしております。
いただいたお便りは監修者にお渡しいたします。

本書のコピー、スキャン、デジタル化等の無断複製は著作権法上での例外を除き禁じられています。本書を代行業者等の第三者に依頼してスキャンやデジタル化することは、たとえ個人や家庭内での利用であっても著作権法上認められておりません。

P7186002

装丁・本文デザイン● 周　玉慧
ＤＴＰ● スタジオポルト
編集協力● 酒井かおる
イラスト● 仲田まりこ、いしぐろゆうこ
校閲● 青木一平
編集・制作● 株式会社 童夢

写真提供・協力
食品ロス問題専門家 井出留美／アクトフォー株式会社／一般社団法人配財プロジェクト／京都市環境政策局 循環型社会推進部 ごみ減量推進課／横浜市資源循環局 ３R推進課／福井県安全環境部 循環社会推進課／長野県松本市環境部 環境政策課／青森県環境政策課 循環型社会推進グループ／静岡県くらし・環境部環境局 廃棄物リサイクル課／熊本県環境生活部環境局 循環社会推進課／セカンドハーベスト・ジャパン／宝酒造株式会社／キユーピー株式会社／ミツカングループ／ヤマサ醤油株式会社／花王株式会社／大和ハウス工業株式会社／株式会社三陽商会／スターバックス コーヒー ジャパン株式会社／象印マホービン株式会社／静岡大好き。しずふぁん!!（静岡県）／株式会社小山園茶舗／国際ホテル株式会社立川グランドホテル／シャロムヒュッテ／株式会社東急百貨店／日本百貨店協会／株式会社時事通信フォト／mizuiro株式会社／株式会社モンドデザイン

＊本書の情報は、2017年4月現在のものです。

ごみゼロ大作戦！

めざせ！Rの達人 全6巻

アールのたつじん

監修 浅利美鈴

◆ このシリーズでは、ごみを生かして減らす「R」の取りくみについて、ていねいに解説しています。

◆ マンガやたくさんのイラスト、写真を使って説明しているので、目で見て楽しく学ぶことができます。

◆ 巻末には「Rの達人検定」をのせています。検定にちょうせんすることで、学びのふりかえりができます。

1. ごみってどこから生まれるの？
2. リデュース
3. リフューズ・リペア
4. リユース
5. レンタル & シェアリング
6. リサイクル

小学校中学年から　A4変型判／各47ページ

N.D.C.518　図書館用特別堅牢製本図書

ポプラ社はチャイルドラインを応援しています

18さいまでの子どもがかけるでんわ

チャイルドライン®
0120-99-7777

毎日午後4時〜午後9時　※12/29〜1/3はお休み

電話代はかかりません
携帯（スマホ）OK

18さいまでの子どもがかける子ども専用電話です。
困っているとき、悩んでいるとき、うれしいとき、
なんとなく誰かと話したいとき、かけてみてください。
お説教はしません。ちょっと言いにくいことでも
名前は言わなくてもいいので、安心して話してください。
あなたの気持ちを大切に、どんなことでもいっしょに考えます。

チャット相談はこちらから